DISCOVER DOLPHINS

海　豚

英国北方旅行出版公司（North Parade Publishing）　著

杨海萍　谷　丽　译

海洋出版社

2018 年·北京

图书在版编目（CIP）数据

海豚 / 英国北方旅行出版公司著 ; 杨海萍, 谷丽译.
-- 北京 : 海洋出版社, 2018.6
（海洋发现）
书名原文 : Discover Dolphins
ISBN 978-7-5210-0123-5

Ⅰ.①海… Ⅱ.①英… ②杨… ③谷… Ⅲ.①海豚 –
儿童读物 Ⅳ.①Q959.841–49

中国版本图书馆CIP数据核字（2018）第126780号

图字：01-2017-3387
版权信息：English Edition Copyright © 2016 North Parade Publishing, Bath, UK
Copyright of the Chinese translation © 2018 Portico Inc.

策　　　划：高显刚
责任编辑：张　欣
责任印制：赵麟苏

海洋出版社 出版发行
http://www.oceanpress.com.cn
北京市海淀区大慧寺路 8 号　邮编：100081
北京佳明伟业印务有限公司印刷　新华书店发行所经销
2018 年 8 月第 1 版　2018 年 8 月北京第 1 次印刷
开本：889mm×1194mm　1/16　印张：2.5
字数：42 千字　定价：48.00 元
发行部：62132549　邮购部：68038093　总编室：62114335
海洋版图书、印装错误可随时退换

目录

海豚

海豚是世界上最迷人的生物之一。它们因智慧和友善而深受人类喜爱。

 宽阔的海洋

水中的家

海豚是栖息在水中的恒温哺乳动物。它们几乎遍布于世界各个角落，其中以宽吻海豚分布最为广泛。海豚通常喜欢待在大陆架附近的浅水区。大型的河流体系中也可以看到一些海豚，例如亚马孙河豚。每种海豚都能适应它们生活的区域、所吃的食物、可能遭遇的天敌和自身面临的身体挑战。

趣闻妙识

海豚的祖先其实是陆生动物。

 世界上有多种海豚，每种海豚都有自己的特征和行为模式

我们的外貌

海豚是鲸鱼和鼠海豚的近亲。事实上，它们是隶属于鲸目、海豚科的齿鲸。海豚的体型比鼠海豚大，而雄性海豚的体型又比雌性海豚大。它们的牙齿是圆锥形的，分布在喙四周。

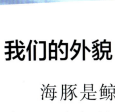 海豚独特的牙齿和喙

我们还很年轻

海豚是在1 000万年前的中新世时期进化出现的。现在世界上的海豚可分为17个属，约40种。不同种类的海豚大小不同，体长在1.2～9.5米之间，体重从40千克到10吨不等。

海豚的起源

对于这个世界来说，海豚还很年轻。它们是在大约1 000万年前的中新世时期进化而来的。

海豚的脊柱表明它们是从陆栖动物进化而来

早期的海豚

海豚从曾经生活在陆地上的哺乳动物进化而来。它们至今依然保留着一些陆栖动物的特征，例如，所有的海豚都呼吸空气，有的海豚还有后肢的残余。脊柱的构造表明海豚的祖先是在陆地上奔跑的，而不是在水中生活的。

完全水生动物

　　海豚的祖先在3 800万年前就已成为完全的水生动物。龙王鲸和矛齿鲸是海豚的两种水栖祖先。事实上，它们的外形看上去与现代的海豚和鲸鱼非常相似，但是它们要进化到我们今天所看到的高智商的海豚还要很长一段时间。它们没有隆额，而隆额是现代海豚发出超声的器官。它们的大脑也小一些，这意味着它们喜欢独居而非群居，这和现代的海豚也不同。

趣闻妙识

基因检测表明，海豚其实跟河马有亲缘关系。

 早期的龙王鲸

在陆地上

　　海豚的早期祖先属于古鲸亚目。这些生物大约在6 500万年前的古新世早期进化而来，它们完全是陆栖生物。直到后来的始新世时期，它们在水里生活的时间才开始超过在陆地上生活的时间。巴基斯坦古鲸就是海豚的陆栖祖先之一，与现代的狼很相似。

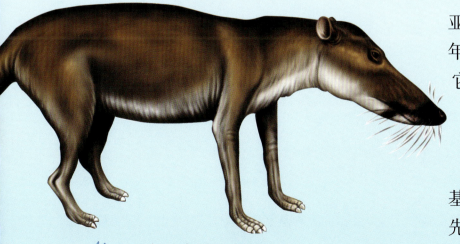

人们在巴基斯坦发现了巴基斯坦古鲸的遗骸

海豚的歌声

海豚可以发出各种各样的声音。一些声音是用来交流的，另一些声音则是用来探路和识别目标的。

定位声和哨叫声

海豚有时候很"聒噪"，它们会从呼吸孔下面的气囊发出鼻音。它们主要发出三种声音，分别是哨叫声、猝发脉冲声和定位声。前两种是用来与其他海豚交流的，后一种则主要用来辨别方位和识别不同目标，以判断自己和目标之间的距离，这就是"回声定位"。

海豚张开嘴巴可以发出三种声音：定位声、哨叫声和猝发脉冲声

回声定位是什么

回声定位，也称为"生物声呐"，是指使用回声判断目标位置的能力。很多动物，如蝙蝠、鲸鱼和海豚，都用这种方法定位目标。它们发射声呐波，声呐波碰到目标就会反射回来，就是回声。它们利用声音传播到目标再反射回来所需的时间，计算与目标之间的距离。回声定位还有助于它们判断其他生物的大小和位置。

我不会迷路

海豚从头部隆额后面的鼻囊中发出高频的定位声，隆额随后将这些定位声变成细细的声束发射到周围的环境中，这些声束碰到目标后反射回来，被海豚的下颌接收到，最后传输到大脑中，从而帮助它们找到方向。

蝙蝠也用回声定位来寻找方向

 发声器官

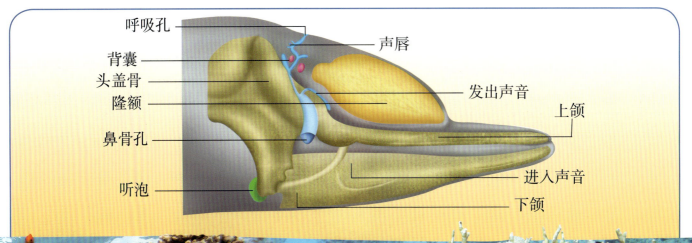

呼吸孔 —
背囊 —
头盖骨 —
隆额 —
鼻骨孔 —
听泡 —
声唇
发出声音
上颌
进入声音
下颌

感官能力

海豚出色的感官能力让它们可以在水下更轻松地生活。这些感官能力包括：听觉、视觉和触觉。

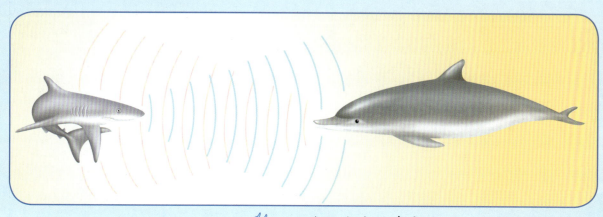

一只海豚发出的声音被另一只海豚的下颌接收

我能听到你

海豚的听觉非常发达。事实上，它们的听觉比人类发达多了。它们头部的两侧分别有一个小耳朵，内耳被一块叫"听泡"的骨头覆盖着。声音通过它们下颌中一个充满脂肪的腔孔进入，传播到中耳，然后传播至大脑。中耳里有大量血管，潜水时这些血管可以帮助海豚平衡耳压。海豚的耳朵也有助于它们进行回声定位。

其他感官

海豚的视力也很好，不管是在水上还是在水下，也不管是在明亮处还是昏暗处。有的海豚在水面具有双目视觉能力，比如宽吻海豚。海豚的触觉也很发达，它们通过彼此抚触来表达感情。虽然海豚几乎没有毛发，但却有一些毛囊，这有助于提高它们的触觉灵敏度。

不擅长

海豚的味觉不像其他三种感官那么敏锐。但它们确实会表现出偏爱某些鱼类，这更可能是因为鱼肉的质感而不是味道。海豚没有嗅觉，因为它们没有嗅觉神经。

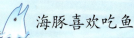
海豚喜欢吃鱼

海豚是感情丰富的生物

趣闻妙识

宽吻海豚可以听到频率在1～150千赫之间的声音。

游泳健将

无论是体型、构造还是饮食和行为，海豚已经完全适应了水下生活。

水下生活

海豚已经适应了水下生活。海豚下颌的皮肤非常敏感，可以用来辨别细小目标；它们的头顶有呼吸孔，可以用来呼吸水面上的空气；无论是在水面还是在水下，它们的视力都很好。拥有这些感官能力，海豚在水下的生活更轻松自如。

海豚的头顶有呼吸孔，便于它们从水面上呼吸空气

游泳冠军

　　大多数海豚拥有流线型身体，这使得它们在水下能够快速移动。海豚的皮肤会分泌一种油性物质，帮助它们在水中流畅游动。海豚全身布满复杂的神经系统，这也使它们游起来更省力。海豚的胸鳍和尾鳍主要用来在水下转换方向，前进的动力来自尾鳍的上下摆动。几乎所有种类的海豚都有背鳍。

 背鳍帮助海豚在游泳时保持平衡

与环境融为一体

　　海豚的伪装形式被称为"反荫蔽"。大多数海豚的后背都是灰色、灰绿色或灰棕色，而腹部的颜色则逐渐淡化成浅灰色和白色。从上面看，它们与深色的海洋融为一体；从下面看，它们则和海洋表面明亮的颜色融为一体。

趣闻妙识

　　海豚的皮肤像人类的一样会脱落，并重新长出来。

"反隐蔽"帮助海豚融入周围的环境，躲避捕食者

智慧的生物

全世界的研究者都在努力了解海豚的智力水平。有的研究者认为海豚比狗更聪明。

你的大脑有多大

动物脑的大小在它整个身体大小中所占的比例是分析动物智力水平的一种非常简易的方法，比例大意味着智力水平较高。海豚大脑和身体的比例大约是人类此比例的一半。但如果不计算海豚身上厚厚的皮脂，它们的这个比例和人类的这个比例就非常接近了。不过，要比较水栖动物和陆栖动物的大脑功能则很困难，因为它们的生存任务完全不同。

计算大脑和身体的体积比例是判断智力水平的一种方式

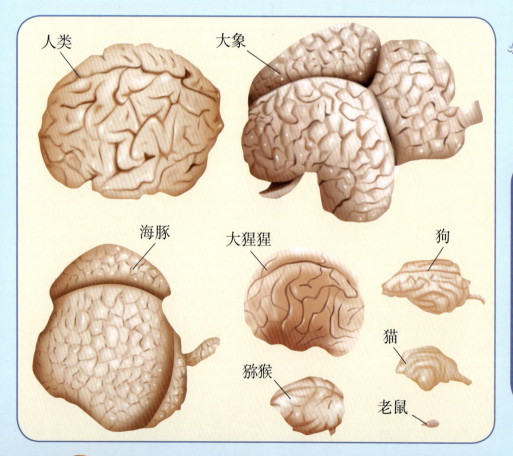

人类　大象　海豚　大猩猩　狗　猫　狝猴　老鼠

趣闻妙识

新生宽吻海豚的大脑大小为成年海豚的42%。而人类新生婴儿的大脑大小只有成人的25%。

镜子里的自己

　　研究人员一直在试图研究海豚是否有自我意识。自我意识是指它们是否能看到镜子里的自己并理解自己所看到的镜面反射，如果能就说明它们有较高的智力水平。就这一点来说，不同种类的海豚显示不同程度的自我意识。实验证明，宽吻海豚的确有自我意识。

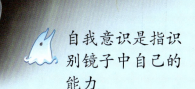

自我意识是指识别镜子中自己的能力

海豚可能和大象一样聪明

问题和对策

　　人们认为解决简单和复杂问题的能力可以充分展现生物的智力水平。海豚在测试解决问题的能力时表现出色。同时，它们还展示了抽象思维能力，比如可以分辨数字之间的差别。有的科学家认为海豚和大象一样聪明。

我们是一家人

海豚的家庭纽带关系很强，它们总是以"群"为单位成群结队地生活在一起。

 成千上万的海豚汇集成超级群，一起游动

成群结队

海豚是社会性动物，以"群"为单位生活在群体中。有时很多海豚群会汇集到一起，形成一个由成千上万只海豚组成的超级群。海豚汇聚到一起或许是因为遇到威胁、受到惊吓，也或许它们本就是有亲缘关系的海豚群。同一个群里的海豚彼此之间会形成很紧密的关系，任何海豚遇到麻烦，其他群员都会提供援助。同一个群里的雄性海豚之间会形成一种等级关系，这种等级关系可以通过拍打尾巴等行为展现出来。

你好

　　海豚会发出独特的哨叫声来招呼另一只海豚或者宣告自己的身份，这种哨声被称为"信号哨声"。每只海豚独一无二的信号哨声都是在它幼年时期形成的，与其母亲的哨声相似。海豚发出的另一种声音是猝发脉冲声，而具体发出什么样的猝发脉冲声则取决于它们当时的情绪状态。例如，愤怒的时候它们会发出"嘎嘎"声或吠叫声；嬉闹的时候它们会发出"吱吱"声。这些声音都可达到超声波范围。

人类记录了海豚发出的人类无法听到的声音

富有创造力的动物

　　要是有奖赏，海豚可以学会复杂的动作。20世纪60年代，科学家凯伦·普赖尔对海豚的学习能力进行了研究。她用两只海豚进行试验，在海豚做出指定的动作后便用食物对它们进行奖励。一段时间后，她教会了海豚一系列复杂的动作。

海豚很有创造力，从它们变化多样的移动方式就可以看出这一点

我的妈妈

和许多生物一样，海豚也保护和照顾自己的孩子。

漫长的等待

大多数海豚怀孕12～17个月，然后产下一头幼崽。尽管海豚每两年可以生产一次，但两胎之间通常是间隔3年。海豚不仅在生产的时候会相互帮助，而且在照顾幼崽时也会相互帮助。

海豚幼崽和妈妈很亲近，它们往往会紧跟在妈妈身边，哪怕是在一个大群里

海豚幼崽一出生，海豚妈妈就会鼓励它们游到水面去呼吸空气

我妈妈告诉我

海豚能学会使用简单的工具。有的海豚在捕猎时会使用天然海绵来保护自己的鼻子，这是海豚妈妈教给小海豚的。雌性海豚总是生活在群体中，雄性海豚有时则会离开群体建立自己的群。

海豚宝宝

　　新生的海豚大约长1米、重16千克。刚出生的时候，它们的尾鳍和背鳍柔软无力，随后会慢慢变硬。海豚妈妈在幼崽出生6个小时左右开始哺育它们，可能一直持续到18个月。海豚幼崽跟随妈妈生活的时间最长可达6年，在此期间，它们将学习如何捕捉食物、如何在群体中生活以及如何与其他海豚互动。

趣闻妙识

　　海豚幼崽刚出生时每小时大约喝4次奶，全天平均每小时喝3~8次。

海豚幼崽的颜色比成年海豚深

我能闻到食物吗

海豚运用不同的方法捕捉食物，它们的食物包括鱼和鱿鱼。

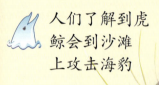 人们了解到虎鲸会到沙滩上攻击海豹

捕食方法

海豚会使用"围猎"这种聪明的方法捕捉食物，这种方法是指一群海豚共同协作把一群鱼驱赶到一起，然后再轮流进食。另一种常用的捕食方式是"一网打尽"，就是把鱼追赶到浅水里以便于捕捉。有的海豚——比如大西洋宽吻海豚，它们用搁浅捕猎法来捕捉食物，它们把鱼驱赶到泥滩上，这样更易于捕捞。

趣闻妙识

成年宽吻海豚每天摄入重达自身体重4%~5%的食物。

水在哪里

虽然海豚生活的周围都是水，但是海水太咸，所以海豚不喝海水。它们从吃的食物中吸收所需要的水分，而在消化食物时又会从中释放出更多的水分。

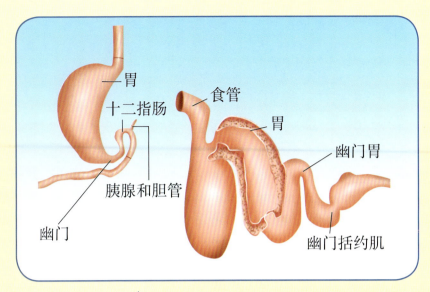

胃
十二指肠
食管
胃
幽门胃
胰腺和胆管
幽门
幽门括约肌

海豚的消化系统很特别，能从食物中释放出大量水分

好闻的东西

海豚的食物通常包括鱼、虾、鱿鱼。它们摄取的数量取决于猎物个头的大小，如果食物是鲱鱼或鲭鱼这样的大鱼，数量可能会远远少于鱿鱼或虾这样的小东西。海豚的胃里有不同的隔室来帮助它们消化食物。海豚喉咙里的肌肉很有力，这可以让它们在吞食食物时避免吸入海水。

海豚喜欢吃鱼，包括鲱鱼、鳕鱼、沙丁鱼和鲭鱼等

海中的杂技演员

海豚经常跃出水面。这些顽皮的生物是很出色的杂技演员。

玩耍时间

海豚是很活泼、很聪明的生物，经常会跳出水面表演杂技，它们的这种行为被称为"跃身击浪"。海豚还会借助船只形成的波浪前行，这可能是因为它们从小就在妈妈和其他鲸鱼周围游动，养成了乘风破浪的习惯。人们经常能看到海豚嬉戏玩耍、投掷海藻、假装打闹和彼此追逐。它们也会为了好玩而追逐海龟或海鸟等其他生物。

趣闻妙识

海豚可以从水中跃至4.9米的高空。

海豚喜欢玩耍，人们经常能看到它们追逐嬉闹的场景

我们知道什么

全世界的科学家都对海豚的"跃身击浪"行为非常好奇。有些科学家认为海豚跳出水面是为了从上面观察猎物或者察看可以帮助它们找到猎物的信号，比如正在捕食的鸟类。"跃身击浪"也可能是一种沟通行为，是让其他海豚加入捕猎的信号或是关于前进方向的指示。另一个可能是为了驱赶寄生虫，也或者纯粹只是为了找乐子。

"跃身击浪"是指跳跃进高空，然后背部或侧面朝下落进水中

旋转起舞

飞旋海豚会表演特别精彩的杂技动作，它们可以跳出水面，然后在空中像滚筒一样旋转。它们体型很小，皮肤通常是深灰色的，有长而薄的喙。虽然人们还不知道这些海豚为什么旋转，但有一种解释是旋转时产生的气泡有助于它们进行回声定位。

飞旋海豚经常会连续做好几个旋转动作

海豚家族

海豚科是鲸类动物中最大的家族，包括大小、体型及特征不同的海豚。

我们与众不同

真海豚有两种——长吻真海豚和短真海豚，这是按照它们喙的长度来区分的。一些科学家发现了第三种真海豚，它们的喙非常长且薄。世界各地都能发现真海豚，热带、亚热带和温带水域，特别是地中海和红海区域。它们通常集结成由100～2000只海豚组成的大群体共同活动。

常见的海豚通常由10～50只组成一个群体共同活动

赫克托发现我们

　　新西兰黑白海豚是世界上最小的鲸目动物。成年新西兰黑白海豚通常长1.2～1.6米，重约50千克。它们是以詹姆斯·赫克托先生的名字命名的。詹姆斯·赫克托先生是惠灵顿殖民博物馆的馆长，也是第一个研究这种海豚的人。和其他许多海豚不同，新西兰黑白海豚没有明显的喙。它们有灰色的前额、白色的喉咙和胸部，从眼睛到胸鳍则都是深灰色的。

新西兰黑白海豚是最稀有的海豚品种之一

暗色斑纹海豚可能会游出很远的距离，但这与迁徙没什么关系

我们是暗色斑纹海豚

　　暗色斑纹海豚非常活泼和友好。它们通常生活在南半球的沿海地区。人们在秘鲁海岸附近发现了最大的暗色斑纹海豚。它们长达210厘米，重约100千克。这些友善的海豚面临的最大危险是被渔网缠住。

不是鲸鱼

虎鲸其实是一种海豚，而且是海豚科中体型最大的一支。几乎世界上所有的海洋中都有它们的身影，无论是特别炎热还是特别寒冷的地区。

黑白分明

虎鲸有着黑色的背部、白色的胸部和侧面，眼睛附近还有白色的色块，因此很容易伪装。虎鲸的身躯庞大而沉重，最大的虎鲸体重超过8吨、长约9.8米。庞大的体型使它们有力量快速前行。虎鲸的速度可以达到56千米/时。雄性虎鲸通常比雌性虎鲸体型还要大。虎鲸身上的白斑图案或者背鳍上的灰色鞍斑是分辨不同虎鲸个体的标志。虎鲸也被称为"逆戟鲸"。

食物清单

虎鲸是机会主义捕食者。它们的食物主要是鱼类，特别是鲑鱼、鲱鱼和金枪鱼。有的虎鲸也会捕猎海狮、海豹、鲸鱼甚至鲨鱼。虎鲸通常会先使猎物无法动弹，然后再杀死和吃掉它们。因为虎鲸像陆地上的狼一样成群结队一起狩猎，所以它们有时被称为"海狼"。

 企鹅和海鸥等鸟类也有可能成为虎鲸的猎物

社会性动物

虎鲸是社会性动物，这体现在它们的一系列行为中，包括浮窥、拍打尾巴、跃身击浪等。它们当中的部分有着非常复杂的社会分组结构。虎鲸的社会形态是母系氏族结构，也就是说它们会有一个占统治地位的母亲，而她的子女，无论是雌性还是雄性，一生都会和她生活在一起。几个这样的母系群体汇集到一起就会组成一个大群，但这些大群不像单个小群那么稳定。几个大群汇集到一起就形成了族群，而几个族群汇集到一起就构成了社群。

 因为身体黑白分明，虎鲸很容易被发现

趣闻妙识

不同的虎鲸群有它们自己独特的一系列叫声，也就是自己的"方言"。

 虎鲸有复杂的社会结构，以大型群体为生活单位

人类的朋友

一直以来，海豚和人类之间的关系既亲密又特别。

你愿意跟我玩吗

海豚和人类的关系友好且亲近。很多海豚，特别是宽吻海豚，很适应人类的陪伴。经过训练，海豚能完成各种聪明的把戏和重要的任务。全世界的科学家都对它们抱有浓厚兴趣。海豚的智商一直是人们关注的主题。

众所周知，在罕见的情况下，海豚会试图保护潜水员免受鲨鱼袭击

趣闻妙识

宽吻海豚比狗还聪明！

海豚的身影随处可见

在人类生活的各个领域，我们都能看到海豚的身影。它们频繁出现于军事、娱乐和医疗领域。从神话到文学、艺术，再到流行的电影甚至电视剧，海豚的身影随处可见。

 海豚还被用于为病人做治疗

在野外

毫无疑问，人类对海豚非常痴迷，但海豚是不是也这么喜欢人类这个朋友呢？答案也许是否定的。人类的破坏行为，例如排放有毒物质造成海洋污染，不但破坏了海豚的家园，也夺去了很多海豚的生命。此外，必须牢记，海豚是野生动物，所以，海豚更倾向于躲避人类而不是接近人类。

污染会破坏海豚的栖息地和生态系统

表演艺术家

在水族馆、电影甚至电子游戏等各个娱乐项目中，海豚都占有重要地位。

海豚的表演才能众所周知

海豚馆

海豚是所有动物演员中最受欢迎的。人们总是络绎不绝地涌入水族馆去观看海豚表演复杂而精彩的节目。因为寿命长、长得憨态可掬而且容易受训，宽吻海豚是最常见的海豚演员。有人认为让海豚为我们表演取乐很残忍，为此，人类已经制订了严格的规定来保护受圈养的海豚。

趣闻妙识

20世纪70年代初，英国有37个海豚馆和巡回表演团，现在一个都没有了。

没那么安全

　　海豚馆受到了很多人的谴责。批评者认为，即使水池很大，圈养的海豚还是没有足够的空间可以自由活动，海豚可能因此变得有攻击性，彼此攻击甚至攻击训练员或观众。所以，人们制定了严格的规定来确保海豚的福利，这导致世界上很多海豚馆被关闭。

海豚馆经常受到社会活动家的批评

迈阿密海豚队用海豚做他们的吉祥物和标志

神话与文学

海豚一直是激发人类想象力的源泉，是神话、文学和艺术作品的不朽主题。

在古老的希腊

古希腊神话中有很多关于海豚的故事。海豚拯救过很多希腊的神明和英雄，包括诗人阿里昂、神明墨利刻耳斯和神话人物法兰瑟斯。人们还认为海豚是希腊海神波塞冬的使者。对希腊人来说，海豚是一种神圣的动物。

据说海豚拯救了诗人阿里昂

趣闻妙识

关于海豚的神话能帮助我们了解它们过去生活在哪些区域。

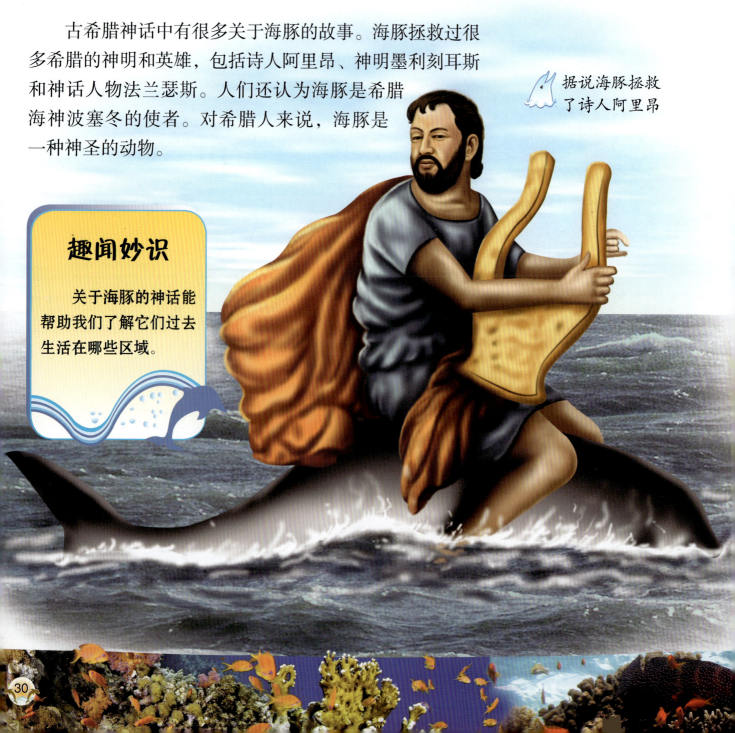

其他神话

在印度神话中，女神甘加与恒河豚关系密切。其中一个故事说海豚是预示女神下凡的生物之一，它有时候会以女神坐骑的身份出现，名为"马卡拉"。而亚马孙河流域的一个广为流传的神话是这样的：一条河豚变成了一位英俊的少年。

女神甘加的坐骑、名为马卡拉的海豚是印度教的圣物

希腊人很喜欢用海豚图案装饰花盆和花瓶

文学和艺术

海豚是科幻小说中备受青睐的一个角色，大家在安妮·麦卡弗里的《柏恩之龙骑士》系列和威廉·吉布森的短篇故事《约翰尼的记忆》中都可以看到它们的身影。凯伦·黑塞的《海豚之乐》是一个描述海豚和人的关系的感人故事。海豚在艺术作品中也深受欢迎。希腊人就很喜欢在花瓶上画海豚。

军事和医疗

海豚是一种非常聪明且容易受训的生物，这就是为什么人类将它们用来服务于各种不同项目的原因。

军用海豚

军用海豚从很小的时候就开始接受训练

服务于军事目的的海豚被称为军用海豚。经过训练，它们被用来执行各种任务，例如定位水下的地雷和救援迷路的潜水员。训练海豚服务于军事目的的行为最早由美国和苏联开始于冷战期间。美国军方目前依然在进行一项公开的军用海豚训练项目——美国海军海洋哺乳动物训练计划。美军在第一次海湾战争和最近的伊拉克战争中都用到了海豚。据报道，俄罗斯军队在20世纪90年代终止了海洋哺乳动物训练计划。

海豚医生

　　海豚有时还服务于抑郁症、自闭症和脑损伤患者的治疗。这种医疗项目被称为海豚辅助治疗（简称DAT）。2005年，一项涉及20名中度和轻度抑郁症患者的研究表明，与海豚接触有助于改善患者的心情。

一名儿童正在水中和海豚尽情玩耍

危险的任务

　　训练海豚用于军事用途的做法已经受到世界各地许多人的谴责。有人认为圈养的海豚面临很多压力，这会导致它们出现攻击性行为、寿命缩短、幼崽死亡率提高。而且，将海豚投放至战争地带会让它们的身体和精神都受到损害。

趣闻妙识

　　约翰·莉莉博士在20世纪50年代和60年代为海豚辅助治疗理论注入了新的活力。

战争地带可能会给海豚带来危害

杂交种

有些动物的父母来自不同的物种，这些动物被称为杂交种。

鲸豚

鲸豚是伪虎鲸和宽吻海豚的杂交种。目前世界上只有两只人工饲养的鲸豚，都生活在夏威夷的海洋公园，这两只鲸豚是一对母女。

趣闻妙识

很多混血动物都是不育的，也就是说它们无法生育下一代。

柯薇·莉凯是柯凯·玛露的女儿，它的父亲是一只宽吻海豚

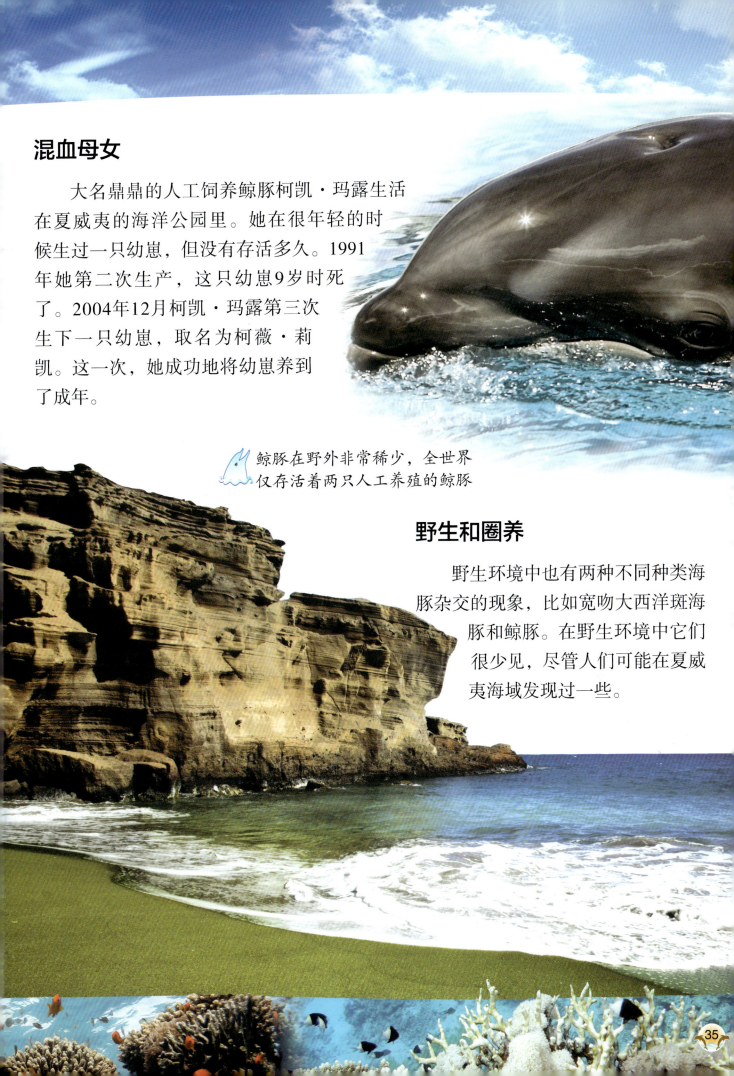

混血母女

　　大名鼎鼎的人工饲养鲸豚柯凯·玛露生活在夏威夷的海洋公园里。她在很年轻的时候生过一只幼崽，但没有存活多久。1991年她第二次生产，这只幼崽9岁时死了。2004年12月柯凯·玛露第三次生下一只幼崽，取名为柯薇·莉凯。这一次，她成功地将幼崽养到了成年。

鲸豚在野外非常稀少，全世界仅存活着两只人工养殖的鲸豚

野生和圈养

　　野生环境中也有两种不同种类海豚杂交的现象，比如宽吻大西洋斑海豚和鲸豚。在野生环境中它们很少见，尽管人们可能在夏威夷海域发现过一些。

威胁和危险

　　海豚所面临的最大威胁不是来自大自然，而是来自人类的残酷捕捞和有害活动。

自然威胁

　　在自然界中，海豚几乎没有天敌，这让它们成了自己栖息地中的顶级捕食者。只有一些大型鲨鱼，如大白鲨、灰真鲨、牛鲨和虎鲨，会捕杀小型海豚，特别是海豚幼崽。此外，虎鲸这类体型较大的海豚科动物有时也会捕食小型海豚，不过这种情况并不常见。海豚面临的另一种来自大自然的威胁是寄生虫，因为寄生虫会让海豚生病。一般情况下，海豚是足够强大和聪明的，能够克服自然界的大多数挑战。

大白鲨会捕食小型海豚，是海豚的少数天敌之一

趣闻妙识

　　2006年的一项研究表明，长江中已经没有白鳍豚了，也就是说，该物种现在已经灭绝了。

死亡威胁

为了获取海豚肉，世界上有些地方会捕猎海豚。有一种捕猎海豚的方式叫"海豚驱赶捕猎法"。运用这种方法，捕捞者用船把海豚和其他较小的鲸目动物聚集到一起，然后驱赶上海滩。在那里，它们毫无抵抗能力，捕捞者可以轻松地杀死它们。

人类威胁

海豚生存的最大威胁来自人类。人类的有害和危险行为——例如向河流和海洋中倾倒废物，导致海豚的栖息地中充满有害物质。另一些海豚则死于船只的螺旋桨。对海豚生存造成的最大威胁之一是某些捕鱼方法，使海豚被渔网缠住进而淹死。世界上大多数地方都禁止使用这些渔网，但悲哀的是，有些国家依然在使用它们。

 海豚甚至可能会受到钓捕的威胁

常识总览

🐬 海洋中最大的海豚是虎鲸，也叫"逆戟鲸"。它们身长达9.1米，体重达4 530千克。

🐬 有的虎鲸有46～50颗圆锥形牙齿，用于咬住、撕裂和吞咽猎物。有一只雄性虎鲸的背鳍长到了1.8米，和一个男人的身高差不多！

🐬 亚马孙河豚是世界上最大的河豚。成年亚马孙河豚通常体长可至约2.5米长、重达150千克。世界上最小的海豚叫亚马孙河白海豚，它们也生活在亚马孙河里，重约30千克，长可达1.9米。

🐬 一只体型中等的海豚每天可以消耗大约30千克的食物。

🐬 海豚的体温和人类差不多，为37摄氏度左右。

🐬 有的海豚能够迅速下潜到305米的深水下。

🐬 大多数海豚的寿命为20年左右，宽吻海豚则可以活40～50年。

🐬 宽吻海豚的大脑重量为1.5～1.6千克。